Anil Khanal

# Distribuição ecológica e estado de conservação do habitat
## Orquídea endémica

Anil Khanal

# Distribuição ecológica e estado de conservação do habitat Orquídea endémica

**Imprint**
Any brand names and product names mentioned in this book are subject to trademark, brand or patent protection and are trademarks or registered trademarks of their respective holders. The use of brand names, product names, common names, trade names, product descriptions etc. even without a particular marking in this work is in no way to be construed to mean that such names may be regarded as unrestricted in respect of trademark and brand protection legislation and could thus be used by anyone.

Cover image: www.ingimage.com

This book is a translation from the original published under ISBN 978-620-2-05693-9.

Publisher:
Sciencia Scripts
is a trademark of
Dodo Books Indian Ocean Ltd. and OmniScriptum S.R.L publishing group

120 High Road, East Finchley, London, N2 9ED, United Kingdom
Str. Armeneasca 28/1, office 1, Chisinau MD-2012, Republic of Moldova, Europe
Printed at: see last page
ISBN: 978-620-7-75325-3

# Reconhecimento

Para além do apoio vital do patrocinador, gostaria de expressar a minha gratidão a todas as pessoas e instituições que, ao longo do percurso de investigação, partilharam o seu conhecimento e tempo para me ajudarem a focar melhor o problema do local de estudo num quadro 3-D, em vez da dimensão linear 1-D que tinha ao iniciar a viagem.

Estou imensamente grato ao meu orientador Proff. Sr. Achyut Raj Gyawali, Instituto de Silvicultura, campus de Pokhara, Pokhara, pela sua orientação constante, sugestões valiosas e conselhos intelectuais durante todas as secções do estudo.

Além disso, gostaria de agradecer aos meus co-orientadores, Sr. BalMukundaPokhrel, MSc. BishnuHariWagle, do Instituto de Silvicultura do campus de Pokhara, pelas suas ideias afiadas, comentários criativos e construtivos durante a identificação das orquídeas endémicas e a análise dos dados.

Gostaria de agradecer ao meu patrocinador de investigação, WWF Nepal, Hariyo Ban Program, pela sua contribuição no que respeita ao apoio financeiro ao estudo.

Não seria tão fácil concluir o trabalho de campo sem a coordenação sincera com o assistente de investigação Sr. ArunSharma, as populações locais de Bhadaure-Tamagi VDC e os funcionários da floresta protegida de Panchase.

Nem uma simples palavra poderia exprimir o meu apreço pela motivação e pelo apoio incondicional e contínuo durante todos os dias de faculdade e de pousada aos meus amigos C'REES GUYZ: Sunil Ghimire, SajanPandeya, AashisTiwari, Gajendra Kumar Shrestha, SumanGhimire, Kishor Prasad Bhatta, BhuwanThapa, Shankar Puri, AswinBastola.

O amor, o afeto, a benevolência e a inspiração dos meus pais e das minhas queridas irmãs sempre iluminaram a minha vida para alcançar milagres que eu nem sequer poderia imaginar. Sem eles, nunca teria sido o que sou atualmente.

# Resumo

**"Ecological Distribution and Habitat Conservation Status of Endemic Orchids (*Eriapokharensia* and *Paniseapanchasenensis*) in Panchase Protected Forest, Kaski"**.Uma espécie endémica é aquela cujo habitat é restrito a uma determinada área. Apesar do aumento da intervenção humana, a região de Panchase mantém uma diversidade interessante de orquídeas (113 espécies) incluindo duas endémicas (orquídeas de interesse). As orquídeas endémicas, o seu estatuto e preferências de habitat não foram estudadas e não foram orientadas para actividades de conservação futuras. Este estudo teve como objetivo descobrir o estado atual e a distribuição das orquídeas endémicas em relação aos vários níveis de elevação ao longo do trilho pedestre da floresta protegida de Panchase. Krebs,C.J.1989, Ecological Methodology, foi utilizado para o estabelecimento de transectos e amostragem com modificações adicionais em relação ao objetivo do estudo. A cada 100m de elevação, parcelas de amostragem de 20m*25m foram dispostas a 50m de distância horizontal em ambos os lados da trilha, a partir de 900m do nível médio do mar. As touceiras, as orquídeas e as árvores hospedeiras foram enumeradas em cada parcela. Incidência de pastoreio, fogo, remoção do hospedeiro, coleta ilegal e erosão do solo foram observados em cada parcela. A densidade foi usada para interpretar o status, enquanto a freqüência foi considerada como variável definidora da distribuição em relação ao nível de elevação. A distribuição da espécie *E. pokharensiafoi confinada* a uma altitude de 900 m a 1100 m, com maior grau de dispersão (67,67%) na faixa de 1000 m a 1100 m do nível médio do mar. A distribuição desta última espécie foi confinada acima da altitude de 1900 m, com um maior grau de ocorrência (45,45%) a uma altitude superior a 2300 m do nível médio do mar. O estatuto de *E. pokharensia* foi de 693 e 1627 por hectare a uma altitude de 900 m a 1000 m e de 1000 m a 1100 m, respetivamente. Da mesma forma, para *P. panchasenensis* foram encontrados 1155, 1733 e 1516 números por hectare em níveis de elevação de 1900 m a 2100 m, 2100 m a 2300 m e acima de 2300 m, respetivamente, no que diz respeito ao número de estandes de orquídeas. A abundância das espécies com a variação da altitude indica as diferenças nas preferências de habitat.

*E. pokharensia preferiu o* tipo de floresta Schima- Castonopsis (tipo de floresta subtropical) enquanto a outra preferiu o tipo de floresta Rhododendron (tipo de floresta temperada inferior). *E. pokharensia* foi encontrada na casca de *Schimawallichi, que* foi o hospedeiro mais preferido. A preferência de hospedeiro da orquídea *P. panchasenensis foi encontrada em* espécies de Rhododendron, com importância significativa de *Quercusspps* e *Daphniphyllumspps.* como árvores hospedeiras de orquídeas epífitas. A principal ameaça às orquídeas endémicas foi a remoção do seu hospedeiro. O estado de conservação do habitat foi identificado como estável, embora a ameaça continue a ser o principal constrangimento. O facto de as espécies estarem confinadas a um certo nível de elevação sugere aos gestores da floresta protegida de Panchase que conservem o seu habitat potencial (in-situ). Deve ser efectuada mais investigação sobre o micro-habitat, dando a devida importância aos pontos críticos (H1, H2, H3).

**Palavras-chave**: *endémica, epífita, preferência de hospedeiro, hotspot.*

# Acrónimos

| | |
|---|---|
| a.s.l | Above Sea Level |
| A.D. | Anno Domini |
| B. S | BikramSambat |
| CITES | Convention on International Trade in Endangered Species of Wild Fauna and Flora |
| DoF | Department of Forest |
| FAO | Food and Agriculture Organization |
| GDP | Gross Domestic Product |
| HMG/N | His Majesty Government of Nepal |
| LAC | Lumle Agriculture Center |
| MDO | Machhapuchhre Development Organization |
| MPFS | Master Plan for Forestry Sector |
| NTB | Nepal Tourism Board |
| NTFP | Non Timber Forest Product |
| Ppf | Panchase protected forest |
| VDC | Village Development Committee |
| w.r.t. | With Respect To |
| WWF | World Wildlife Fund |

# Índice

# CAPÍTULO 1

## INTRODUÇÃO

### 1.1 Introdução

As orquídeas são o maior e mais diversificado grupo de angiospérmicas. As orquídeas são conhecidas por produzirem uma das flores mais variadas, fascinantes, coloridas e atractivas de todo o reino vegetal. As orquídeas são ervas perenes ou raramente anuais, epífitas, terrestres ou litofíticas, com raízes de tecido esponjoso com várias camadas. São capazes de absorver e armazenar uma quantidade considerável de humidade. Devido às suas belas flores e ao longo período de floração, as orquídeas tornaram-se as grandes favoritas no comércio hortícola e na decoração de interiores.

As orquídeas têm sido utilizadas na medicina tradicional num esforço para tratar muitas doenças e afecções. Têm sido utilizadas como fonte de remédios à base de plantas na China desde 2800 AC. *A Gastodiaelata* é uma das três orquídeas listadas na mais antiga *MateriaMedica* chinesa conhecida. Theophrastus menciona as orquídeas no seu Enquiry into Plants (372-286 BC). Nos últimos anos, foram publicados vários estudos sobre a atividade anticancerígena da substância química moscatilina, que se encontra nos caules da espécie de orquídea *Dendrobrium*. Algumas plantas como *Dendrobiumcrumenative, Eulophiacampestris, Orchislatifolia, Vanda roxburghii e Vanda tessellata* foram documentadas pelo seu valor medicinal. Fitoquimicamente, foi relatado que algumas orquídeas contêm alcalóides, glicosídeos, flavonóides e estilbenóides. Ashtavarga (grupo de oito plantas medicinais) é uma parte vital das formulações ayurvédicas como Chyavanprasha e quatro plantas viz, Riddhi, Vriddhi, Jivaka e Rishbhaka foram discutidas como possíveis membros da família Orchidaceae. No Nepal, os habitantes locais utilizam a pasta do rizoma das orquídeas para a cura de feridas.

*Eriapokharensis* é uma das duas orquídeas endémicas do Nepal, conhecida por se encontrar a uma altitude de 900-1000 m. A época de floração desta espécie varia de Chaitra a Ashar. Trata-se de uma epífita erecta com pseudobulbo coberto por uma bainha membranosa de folhas e de cor branca amarelada. Do mesmo modo, *a*

*Paniseapanchasenensis* é a outra orquídea endémica do Nepal com rizoma curto e rasteiro, com escamas imbricadas nos rebentos jovens. Esta espécie é endémica da floresta temperada inferior da zona de Panchase, Kaski. A época de floração varia de Kartik a Poush e está confinada a uma altitude de 2200-2500 m. As árvores associadas comuns são *Quercusspps*, rhododendron spps.

O género Panisea (Lindl.)Lindl. (Orchidaceae, Epidendroideae, Coelogyninae) é constituído por 10 espécies (Lindley, 1830; Lindley, 1854; Chen, 1980; Lund, 1987; Gravendeel et al., 2005;

Averyanov e Averyanova, 2006). Estas espécies distribuem-se desde o subcontinente indiano até ao sudeste asiático. O género é facilmente reconhecido pelos pseudobolbos constituídos por um único entrenó, folhas convolutas ou duplicadas, inflorescência terminal frequentemente produzida antes do crescimento dos pseudobolbos, flores resupinadas, labelo com base mais ou menos curvada sigmoidalmente com lóbulos laterais completamente ausentes ou apenas pequenos (este carácter é a sua principal caraterística diagnóstica dentro dos Coelogyninae), um ápice 'petaloide' da coluna encapuzado sobre a antera, e estigma inteiro. Em 2002, o primeiro autor deparou-se com um espécime interessante de Panisea que foi recolhido na floresta de Panchase no centro do Nepal. Esta espécie foi encontrada no mesmo habitat onde PaniseademisssaLindl. ocorre como espécie comum. Os espécimes pareciam muito diferentes em termos de hábito da planta e morfologia da flor em comparação com P. demissa. No entanto, devido à escassez de material floral, foi impossível investigar adequadamente a identidade taxonómica. Em 2007, foram efectuadas explorações adicionais na mesma área e foram localizados mais espécimes floridos. Foi efectuado um estudo de espécimes de herbário de espécies semelhantes de Panisea, uma revisão detalhada da literatura e sequenciação de ADN para investigar se os espécimes da floresta de Panchase representavam uma espécie até agora não descrita (A. Subedi,2007).

Recentemente, o governo do Nepal proibiu completamente a coleta e o transporte de orquídeas da área de floresta natural. Assim, é cada vez mais preocupante a necessidade de se tomar medidas de conservação para a sustentabilidade das orquídeas. Para isto, é necessário preparar um "plano de ação para a conservação das orquídeas". A preparação deste tipo de plano requer uma informação de base completa sobre o status, a distribuição, os habitats e as ameaças às orquídeas e a pesquisa formal prova ser muito frutífera para este propósito.

## 1.2 Factos sobre as orquídeas

As orquídeas representam um dos maiores, bem sucedidos e diversos grupos de plantas com flores que pertencem à família Orchidaceae, no grupo de plantas Monocotyledon. A família das orquídeas é considerada como uma das maiores, mais diversas e distintas famílias do reino das plantas com flores, com estimativas de cerca de 20.000 a 35.000 espécies no mundo (Dressler, 1993). Encontram-se numa grande variedade de condições ecológicas, exceto em ambientes marinhos e habitats com frio extremo durante todo o ano (Acharyaetal., 2010). As plantas são terrestres, epífitas, litofíticas e saprófitas no seu habitat. No Nepal, estão registadas cerca de 388 espécies de orquídeas em 99 géneros (Acharya, 2008). As condições ambientais associadas à altitude exercem uma grande influência na composição das espécies de orquídeas e na sua distribuição (Jacquemynet al., 2005). Em relação ao número de orquídeas encontradas no Nepal, diferentes autores mencionaram números diferentes. Por exemplo, Press et al (2000) em Annotated Checklist of the Flowering Plants of Nepal mencionou 89 géneros e 323 espécies. Rajbhandari e Bhattarai (2001) em Beautiful Orchids of Nepal mencionaram 97 géneros e 363 espécies. Rajbhandari e Dahal (2004) em Orchids of Nepal: A Checklist menciona 100 géneros e 377 espécies e Rastogi (2009) em The Orchids of Nepal menciona 102 géneros e 388 espécies. Isto mostra que quanto mais recente a publicação, maior o número de orquídeas. Entretanto, alguns autores mencionaram sinônimos em suas publicações. KP Acharya compilou o número total de orquídeas encontradas no Nepal com a ajuda de muita literatura. O número total de orquídeas encontradas no Nepal é de 492 (isto inclui 454 espécies, 30 variedades, 6 subespécies e 2 formas). Estas espécies pertencem a 104 géneros.

## 1.3 Declaração do problema e justificação

As orquídeas são as espécies ameaçadas que estão listadas no Anexo II da CITES. A destruição do habitat e a caça furtiva são as grandes ameaças à sustentabilidade das orquídeas. A caça furtiva de orquídeas é feita em grande escala devido ao seu alto valor ornamental e medicinal e é feita por aqueles que têm ligações com os estrangeiros. A maior parte das orquídeas são caçadas no Tibete e na Índia. As principais causas destas ameaças são a falta de conscientização entre as pessoas locais/comunitárias. Se a evidência científica das propriedades medicinais das orquídeas puder ser explorada, então motivar as pessoas para o cultivo de orquídeas ex-situ e conservá-las in-situ ajudará na sustentabilidade das orquídeas. Também ajudará a reduzir a importação de remédios de países estrangeiros e, assim, economizar a moeda nacional.

As orquídeas são bem conhecidas não só pelo seu valor ornamental, mas também pelo seu uso na medicina herbal (Sumner, 2000). O uso de orquídeas como remédio tem uma longa história e os chineses foram os primeiros a usá-las como remédio herbal (Bulpitt, 2005). A presença de fitoquímicos tais como alcalóides, flavonóides e glicosídeos tornaram as orquídeas valiosas como medicamento (Pengelly, 2004).

Para a gestão dos recursos naturais, é muito importante que os gestores disponham de toda a informação sobre os recursos existentes no local. No caso de espécies ameaçadas, a informação deve estar disponível sobre o stock atual existente, bem como sobre as ameaças que lhe estão associadas e as suas preferências de habitat. Esta informação só pode ser obtida após a realização de uma investigação formal.

Para implementar a política relativa à conservação de espécies ameaçadas, é muito necessário conhecer a informação total do recurso. Assim, acredita-se que esta investigação possa ajudar de alguma forma os gestores da floresta protegida de Panchase a preparar o plano de ação para a conservação das orquídeas endémicas do Nepal. Pode também ser uma forma eficaz de divulgar o conhecimento das orquídeas endémicas em todo o mundo. Ajuda a aumentar a biodiversidade do Nepal em aspectos endémicos e ajuda a reduzir a exportação de moeda nepalesa para países estrangeiros com diferentes descobertas medicinais relacionadas com as orquídeas endémicas do

Nepal.

## 1.4 Estado atual dos conhecimentos

Os PFNL incluem produtos florestais que não a madeira, a lenha e as forragens. Cerca de 80% das populações dos países em desenvolvimento dependem dos PFNL para os seus cuidados de saúde primários, necessidades nutricionais e geração de rendimentos (FAO, 2000). Isto é particularmente verdadeiro para um país como o Nepal, onde as oportunidades económicas alternativas são limitadas. Edward (1996) classifica os PFNL no Nepal em três grandes grupos: os que são utilizados para a subsistência, os que são utilizados para as indústrias do país e os que são exportados. De acordo com o MPFS, Nepal (HMG/N, 1988), o rendimento do sector florestal representa 15% do PIB. Do mesmo modo, os PFNL podem contribuir com cerca de 5% do PIB do Nepal (Mallaetal.,1995). A conservação e a utilização sustentável destes PFNL podem ser consideradas como um meio de redução da pobreza (Décimo Plano Quinquenal, 2003-2007).

As orquídeas encontram-se em quase todos os tipos de habitats, desde as florestas tropicais e subtropicais até aos prados alpinos. O Nepal, com a sua posição geográfica e clima únicos, oferece excelentes condições de crescimento para as orquídeas. Como resultado, cerca de 388 espécies de orquídeas em 99 géneros foram relatadas neste país (Acharya, 2008). Todas as orquídeas nepalesas são consideradas bonitas e a maioria delas, especialmente as epífitas, têm flores muito atraentes.

A primeira coleção sistemática de orquídeas no Nepal foi feita por Hamilton em 1802 e Wallich em 1820, principalmente no vale de Kathmandu (Rajbhandari, 1976) e suas coleções foram estudadas por David Don em 1825-1826. Hara *et al.* (1978) e Banerji e Pradhan (1984) forneceram listas e descrições das orquídeas do Nepal. Até então, várias orquídeas novas no Nepal foram relatadas por Bajracharyaet. *al*(1993) ;Baniaet *al.* (1993);Cribb e Tang (1983) , DuPuy e Cribb (1988); Pearce e Cribb (1996);Rajbhandari e Bhattarai (1995-1996);Rajbhandariet *al* . (1997, 1998); Shakya e Bania (1998); Shakya e Chaudhary (1999) e Wood (1986, 1989). O artigo de Amritpal Singh e SanjivDuggalin *Ethnobotanical Leaflets 13: 351-63. 2009* dá uma visão geral das propriedades medicinais das orquídeas que mostra o potencial das orquídeas para curar muitas doenças se forem conservadas e usadas de forma sustentável. Eriapokharensia e *Paniseapanchsenensis são* relatadas como endémicas no Nepal (Subedi, 2013).

As orquídeas selvagens, com elevado valor hortícola, especialmente nos sectores transnacionais, representam uma ameaça contínua para as populações selvagens nas florestas. As áreas protegidas podem desempenhar um papel importante na proteção da biodiversidade porque dentro destas áreas existe uma restrição à recolha destas espécies (Sharma *et al.,*2004). No caso das espécies de orquídeas medicinais, há uma correlação negativa entre o número de áreas protegidas e o número de espécies de orquídeas medicinais. O número máximo de áreas protegidas encontra-se a cerca de 3000 a 3500 msl. Mas, a diversidade do número máximo de orquídeas medicinais é encontrada abaixo desta faixa de altitude. Isto mostra que os nossos esforços de conservação estão menos focados nas orquídeas (Acharya KP e Rokaya MB, 2010.). As áreas protegidas estão localizadas em altitudes mais elevadas onde a diversidade de plantas é menor (Hunter e Yunzon, 1993). Além disso, não existe uma lista completa das orquídeas distribuídas em cada área protegida.

## 1.5 Importância fundamental da investigação

> As orquídeas endémicas, o seu estatuto e preferências de habitat têm permanecido sem estudo e sem orientação para futuras actividades de conservação.

> Ajudar os gestores da floresta protegida de Panchase a preparar o plano de ação para a conservação das orquídeas endémicas do Nepal.

## 1.6 Objetivo

O objetivo deste estudo é avaliar o estado e a distribuição das orquídeas endémicas na floresta protegida de Panchase, no Nepal. Os objectivos específicos são:

1) Determinar o estado das orquídeas endémicas do Nepal e mapear os seus hotspots na área de estudo.

2) Identificar as preferências do hospedeiro e do habitat das orquídeas endémicas,
a sua distribuição.

3) Identificar as ameaças e recomendar programas de conservação.

## 1.7Limitações

> As parcelas de amostragem tiveram de ser deslocadas devido ao maior grau de inclinação, ou seja, inclinação superior a $60^0$, fazendo também alguma diferença em termos de altitude, o que constituiu um grande problema.

# CAPÍTULO 2

## ÁREA DE ESTUDO

### 2.1 Seleção da área de estudo

> Quanto à altitude: O critério mais importante da pesquisa que faz a distribuição das orquídeas endémicas em diferentes níveis de elevação.

> Sobre os Trilhos Florestais: Distribuição das orquídeas em relação à acessibilidade em levantamento (ambos os lados do trilho) a diferentes altitudes.

> Relativamente ao afastamento: Quanto mais remota for a região, mais intacta será a vegetação.

### 2.2 Descrição física

A área de Panchase está situada no nexo de três distritos (Kaski, Parbat e Syangja) na região de desenvolvimento ocidental do Nepal. A floresta protegida de Panchase faz fronteira com nove VDC dos três distritos acima referidos, ou seja, Bhadaure-Tamagi, Chapakot e Pumdibhumdi (Kaski) a leste e nordeste, Arther-Dadakharka e RamjaDeurali (Parbat) a sul e sudoeste, Chitre (Parbat) a oeste e norte e Bangsing, Bagefatake e Arukharka (Syangja) na fronteira oriental. A Floresta Protegida de Panchase foi declarada em 2012, com uma área de 57,76 quilómetros quadrados. Entre os três distritos ocupados pela floresta de Panchase, o distrito de Kaski situa-se entre 83°40' e 84°12' de latitude e 28°6' e 28°36' de longitude e está a 200 km de distância da capital. Localizado na parte ocidental do Nepal, cobre uma área de 2017 km$^2$ . A elevação varia entre 450 m e 7969 m em relação ao nível médio do mar. A maior parte da floresta de Panchase situa-se em BhadaureTamagi VDC. A maior parte da área florestal começa a partir de 1490 m acima do nível do mar em Parebhir, BhadaureTamagi (BT) até 2517 m (MDO, 2005). Um famoso lago histórico "Panchase" está situado a uma altitude de 2 250 metros da área. O lago é considerado um local famoso de peregrinação religiosa para as pessoas da região durante o "Balchaturdasi", em novembro. Do mesmo modo, a majestosa vista panorâmica dos picos de Dhaulargiri, Annapurna, Machhapuchhre e Manaslu, o nascer e o pôr do sol, a vista encantadora do lago Phewa e do vale de Pokhara são características distintas da colina de Panchase. A estrutura geológica de Bhadaure-Tamagi VDC consiste em rochas complexas altamente metamorfoseadas, como gnaisses, filitos, micaxistos, etc. (Carson, 1992). A topografia é extremamente acidentada, com enormes cumes montanhosos e declives suaves a acentuados. O local de estudo é considerado altamente suscetível à erosão (LAC, 2000).

## 2.3 Descrição biológica

A Floresta Protegida de Panchase representa uma importante zona ecológica da Montanha Média que é menos abordada no sistema de áreas protegidas do país e constitui apenas um corredor de ligação entre as terras baixas (Chitwan-Nawalparasi) e a cordilheira dos Himalaias Annapurna. A floresta é caracterizada por uma vegetação subtropical e temperada. Subedi A. registou mais de 589 espécies de plantas, incluindo forragens cultivadas e gramíneas, na zona de Panchase, que é considerada muito rica em diversidade vegetal. Rakchan (Daphniphylumhimalayanse) é a espécie mais comum na zona, seguida de Bilaune (Maesachisea) e LaliGurans (Rhododendron arboretum). De igual modo, outras espécies são Champ (Micheliachampaca), Kharsu (Quereussemecarpefolia) e Phalat (Quercus spp.). Os rododendros e os carvalhos costumavam ser espécies dominantes na floresta, mas atualmente são muito menos abundantes e foram substituídos pelo Rakchan. O Rakchan é dominante na maior parte da floresta de Panchase e é uma indicação do estado degradado da floresta. Existem mais de 589 espécies de plantas com flor registadas na floresta de Panchase. Encontram-se na área 107 espécies de plantas medicinais, 8 espécies de plantas produtoras de fibras, 23 espécies de plantas produtoras de corantes naturais, 18 espécies selvagens com potencial para a floricultura (exceto orquídeas), 56 espécies de cogumelos selvagens e 98 espécies de fetos. Esta região é vulgarmente conhecida como o Reino das Orquídeas selvagens. Entre as 412 espécies de orquídeas registadas no Nepal, 113 espécies de orquídeas foram encontradas na região de Panchase, incluindo duas espécies endémicas (PaniseaPanchasenensis e EriaPokharensia ) e 35 espécies com elevado valor comercial (Subedi, 2002)

O estudo foi efectuado na floresta protegida de Panchase, situada na área do programa Hariyo Ban, na paisagem de Chitwan Annapurna. A floresta protegida de Panchase situa-se nos nove comités de desenvolvimento de aldeia dos distritos de Kaski, Parbat e Syangja da região de desenvolvimento ocidental. "Panchase", que significa literalmente "Cinco Lugares", é o ponto de encontro de 5 picos. A região apresenta uma grande diversidade biológica, cultural e religiosa, bem como uma grande beleza natural. Representa uma importante zona ecológica da Montanha Média que é menos abordada no sistema de áreas protegidas do país e constitui apenas um corredor de ligação entre as terras baixas (Chitwan-Nawalparasi) e a cordilheira dos Himalaias Annapurna. A Floresta Protegida de Panchase foi declarada em 2012, com uma área de 57,76 quilómetros quadrados. A floresta é caracterizada por uma vegetação subtropical e temperada. As altitudes variam entre 1450 metros e 2517 metros. O famoso lago histórico "Panchase" está situado a uma altitude de 2250 metros. A região de Panchase é muito rica em diversidade vegetal.

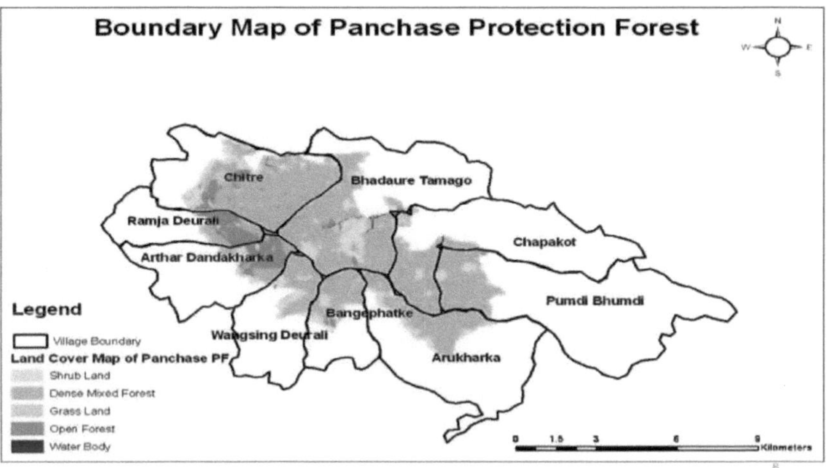



Figura 1: Mapa dos limites da Floresta Protegida de Panchase

Esta região é vulgarmente conhecida como **o Reino das Orquídeas selvagens**. Entre as 388 espécies de orquídeas registadas no Nepal, 113 espécies de orquídeas foram encontradas na região de Panchase, incluindo duas espécies endémicas (Paniseapanchanensis *e Eriapokharensia)* e 35 espécies com elevado valor comercial.

(*Panchasekaorchidharu*, parte I, 2069)

Este estudo será confinado a um VDC (Bhadaure-Tamagi VDC) que cobre a maior parte da floresta, e se deslocará ao longo do trilho pedestre a partir de Deurali, desde a altitude de 1800 m até 2400 m e novamente no pico de Panchase até 2500 m, de modo a podermos cobrir as diferentes altitudes e observar a diversidade de orquídeas endémicas em relação à variação de altitude.

### 2.4 Mapa da área de estudo

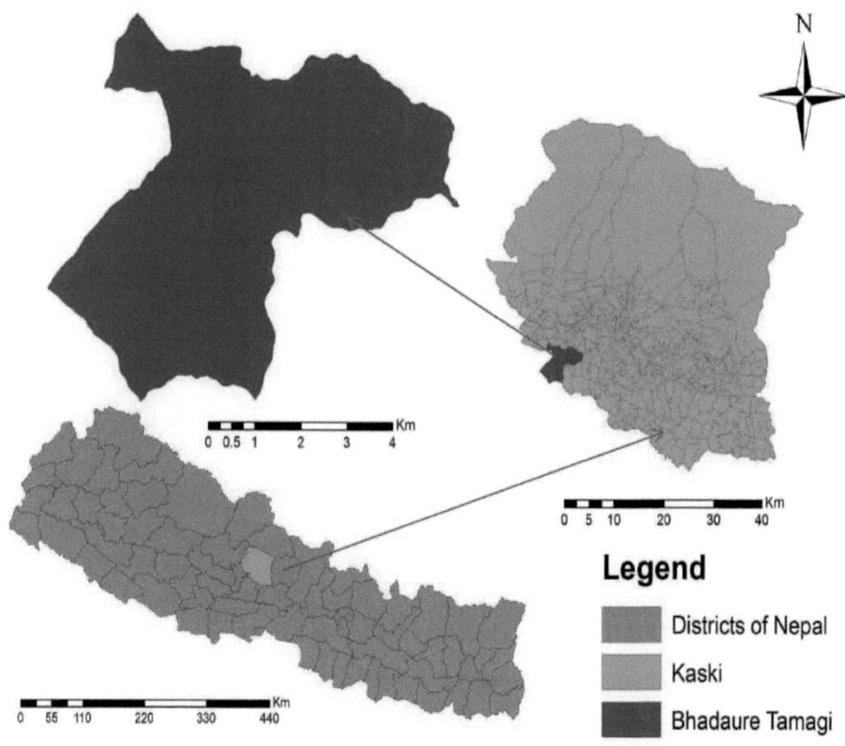


Figura 2: Área de estudo: BhadaureTamagiVDC ,Kaski

# CAPÍTULO 3

# ABORDAGEM E METODOLOGIA

## 3.1 Quadro de investigação

Toda a metodologia está dividida em duas partes: Recolha de dados através de métodos de recolha de dados primários e secundários e análise dos dados, tanto quantitativa como qualitativamente, utilizando ferramentas estatísticas adequadas, consoante a natureza dos dados.

A metodologia de investigação é descrita a seguir:

### 3.1.1 Disposição dos campos e inventário

### 3.1.1.1 Disposição dos equipamentos de campo e formação da equipa multidisciplinar

> Arranjo do equipamento de campo, como fita métrica (30 m), GPS, cordas, mapas, livros (Orchids of Nepal, Panchaseka Orchid Bhag 1) e formato de recolha de dados.

> Investigador, assistente de investigação, incluindo um perito (especialmente para a identificação de endemias), constituíam a equipa para o inventário no terreno.

## 3.2 Recolha de dados

Para a recolha de dados, foram utilizadas fontes de informação primárias e secundárias.

### 3.2.1 Recolha de dados primários

Os dados primários constituíram o cerne do estudo, tendo sido recolhidos através dos seguintes métodos.

> Consulta a informantes chave: Para identificar a distribuição provável das orquídeas endémicas na área de estudo.

> Em primeiro lugar, foi feito um levantamento de reconhecimento do local proposto para se ter uma ideia do padrão de distribuição das orquídeas endémicas. Havia um especialista em orquídeas na equipa de pesquisa para identificar as endémicas. Os hotspots de orquídeas foram identificados sistematicamente através da observação da abundância, habitat, tipos de floresta, humidade, altitude e aspectos. As

17

coordenadas GPS foram registadas para localizar e mapear os hotspots de orquídeas endémicas na área de estudo. Para identificar os hotspots, deslocámo-nos ao longo do trilho pedestre e observámos em ambos os lados do mesmo, a um intervalo de 100 m de altitude, com uma largura de 50 m em cada lado do trilho. As orquídeas endémicas observadas foram identificadas visualmente com a ajuda de um livro colorido (Orchids of Nepal).

> Para determinar o estado, foi aplicado o método de amostragem, tendo sido tomadas quadrículas em ambos os lados do trilho pedestre, com um intervalo de 100 metros a partir da elevação de 1800 m da média

nível do mar até à cota de 2400 m e depois processada até ao pico Panchase (2500 m).

*(Fonte: Brochura Panchase do MDO e NTB)*

Tabela 1: Coordenadas geográficas dos transectos

| Transect | From | | | To | | |
|---|---|---|---|---|---|---|
| | Northing | Easting | Altitude | Northing | Easting | Altitude |
| 1 | 775441 | 3124923 | 2165 | 774689 | 3125881 | 2484 |
| 2 | 777017 | 3128975 | 1770 | 774716 | 3125854 | 2494 |
| 3 | 780218 | 3126818 | 917 | 779054 | 3127062 | 1127 |

### 3.2.2 Inventário de campo

> Enquanto nós, originalmente, confiamos no uso de transectos padronizados para o inventário de orquídeas (Krebs 1989). Logo tivemos que mudar o sistema para algo mais flexível a fim de cobrir todo o gradiente de elevação das orquídeas e diferentes habitats de orquídeas ao longo do transecto, durante os dias designados. A idéia de desenvolver um desenho estatístico equilibrado de amostragem parecia distante devido às dificuldades de replicar um número suficiente de transectos em habitats similares, em elevações similares. Por estas razões, nós decidimos nos concentrar na abundância das espécies (número de indivíduos de cada espécie) mais do que na

riqueza das espécies, uma vez que a abundância das orquídeas era de importância primordial para o desenvolvimento de um plano de conservação das orquídeas. Nós demos prioridade ao sub-levantamento intensivo de regiões do que ao reconhecimento da maior área possível. Um método similar foi usado para a pesquisa intitulada "An orchid Hunting Journey Over The Peruvian Andes, 2008, Interoceanic Highway". Rosa Maria Roman-Cuesta et al. 2008.

> Em cada intervalo de 100 m, foram tomadas quadrículas em ambos os lados do transecto (trilho pedestre de Deurali). As parcelas foram dispostas de forma a que duas parcelas estivessem a uma distância quase igual a 50 m em direcções opostas da linha do transecto (distância entre parcelas de 100 m) e o desenho deveria ser seguido também no intervalo seguinte. Este tipo de disposição ajudou a avaliar a influência dos caminhantes assim como dos habitantes locais na abundância de orquídeas e também a minimizar o viés estatístico. O tamanho da parcela para as orquídeas epífitas era de 25m*20m enquanto que para as orquídeas terrestres era de 5*5m (Thakur RB, 2009).

De acordo com o guia de inventário florestal comunitário, 2061, DoF, o tamanho da parcela para as árvores (dbh>30cm) deve ser de 20m*25m. Como as orquídeas epífitas crescem sobre a casca de outras árvores, nós tomamos o mesmo tamanho de parcela para a contagem de orquídeas também.

> Incidência de pastoreio, cobertura das copas das árvores, cortes, incêndios, abate de árvores ao acaso, remoção de hospedeiros de orquídeas epífitas, presença ou ausência de corpos de água, características de erosão do solo, etc. foram observados em todas as parcelas durante o inventário ao longo da linha de transecto e a informação relativa a estas características foi registada no formato de inventário.

### 3.2.3 Recolha de dados secundários

Os dados secundários foram recolhidos de publicações relacionadas com orquídeas, artigos de investigação e outros documentos relevantes de acordo com as necessidades.

### 3.3 Entrada e processamento de dados

**3.3.1** Os dados do inventário foram introduzidos no MS Excel através do desenvolvimento de um formato normalizado de introdução de dados para criar uma base de dados e para posterior análise.

**3.3.2** Da mesma forma, informações compiladas a partir de observações, entrevistas e fontes secundárias foram recolhidas para complementar as informações relativas às orquídeas e sua distribuição na área de estudo.

**3.3.3** Os dados foram analisados qualitativa e quantitativamente.


### 3.3.4 Mapeamento do Sistema de Informação Geográfica (SIG)

Os pontos de GPS tomados na parcela de amostragem foram dispostos no ArcGIS e posteriormente processados para mapear os hotspots.


### 3.3.5 Análise de dados quantitativos

Foi utilizado extensivamente o programa informático MS-Excel. As seguintes características quantitativas de

as espécies foram determinadas utilizando a seguinte fórmula dada por Zobel et al., (1987).

1. Frequência da orquídea = Nº de parcelas onde ocorre a orquídea*100 / Nº total de parcelas

2. Densidade de orquídeas = N.º de orquídeas em todas as parcelas *10.000

    m2 /N.º total de parcelas *área da parcela

### 3.3.6 Análise de dados qualitativos

Os dados qualitativos foram analisados por medidas descritivas e apresentados sob a forma de gráficos, figuras, mapas e tabelas.

# CAPÍTULO 4

## RESULTADOS E DISCUSSÃO

### 4.1 Distribuição ecológica de *Eriapokharensia*

### 4.1.1 Espécies associadas

A partir do estudo no campo, observou-se que a espécie permaneceu principalmente em associação com espécies de Schimawallichi. As outras espécies associadas foram Alnusnepalensis, Castanopsisindica, Smilaxovalifolia ,Toonaciliata,Centellaasiatica, Trichiliaconnaroides, Macaranga denticulate, Albiziasps, etc.

> Planta estudada: Eria
> Nome científico: *Eriapokharensia*
> Altitude: 900-1110m
> Ecossistema: zonas húmidas e de declive suave
> Aspeto: Norte
> Declive: $15\text{-}35^0$
> Abundância de plantas estudadas: Baixa

### 4.1.2 Ambiente físico

**1.** Solo

A observação no terreno mostrou que a E. pokharensia se distribuía em manchas e era comum em solos húmidos e orgânicos em ambiente natural húmido. Preferia um solo húmido e rico em húmus em condições de bosque, com sucesso em sombra total ou parcial.

**2.** Aspeto e radiação solar

Para E.pokharensia, o aspeto norte foi o mais adequado para o seu crescimento correto. Na área de estudo, observou-se que estava distribuída apenas nas encostas viradas a norte e nordeste da árvore hospedeira. A sua abundância foi menor nas encostas viradas a Este, Oeste e Sul. Por outro lado, a observação no terreno mostrou que se encontrava num habitat húmido na árvore hospedeira, com requisitos mínimos de luz solar.

## 3. Inclinação

Na área de estudo, *a E. pokharensia foi* encontrada em terrenos suavemente inclinados. A área de estudo insere-se na faixa de declive geral de 30-65$^0$ mas um declive superior a 20$^0$ foi considerado satisfatório para o seu crescimento adequado. Por outro lado, também foi observada em declives suaves em áreas abertas, o que atesta a presença do hospedeiro.

## 4. Humidade do solo

*E. pokharensiaprefere* o habitat húmido e sombrio e a humidade do solo é também um fator importante como outros factores climáticos para o seu crescimento e regeneração satisfatórios. A presença de orquídeas em Harpankhola sugere que a espécie prefere um habitat mais húmido.

## 5. Altitude e temperatura

A observação no terreno mostrou que havia uma variação de altitude na distribuição das espécies. A variação de altitude da área de estudo foi de 900 - 2517m asl. Devido à variação da paisagem e da altitude, o clima e a vegetação natural do distrito variam com uma grande influência da monção. A precipitação varia de um mínimo de 3038 a 3353,3 mm. Da mesma forma, a temperatura é máxima em abril, até 330C, e mínima em janeiro, até 5,60C (LAC, 2000).

## 6. 1.3 Efeito dos factores externos

- O efeito do pastoreio

O habitat de *E. pokharensia* sofre a pressão total do pastoreio por animais domésticos (cabras, ovelhas, búfalos, etc.) por parte da população local ao longo de todo o ano. Este é um dos factores mais importantes responsáveis pelo esgotamento de *E. pokharensia*, juntamente com outros PFNL valiosos.

- O efeito do fogo

A observação do campo mostrou que o fogo não é o fator causal mais proeminente para o esgotamento de *E. pokharensia*. No entanto, é encontrado com gramíneas e resíduos de espécies hospedeiras que potenciam o fogo e queimam a regeneração, os rizomas e as sementes, pelo que toda a comunidade vegetal pode ser extinta com a repetição do fogo. A observação de campo também mostrou que a maior parte dos incêndios ocorre de outubro a meados de dezembro

### 4.1.4 Tendência de *E. pokharensia*

De acordo com a opinião dos informadores-chave, a disponibilidade de *E. pokharensiais está* a diminuir em comparação com a década anterior devido a vários factores, como incêndios, pastoreio, colheita prematura do hospedeiro, construção de estradas, etc.

### 4.2 Distribuição ecológica de *P.panchasenensis*

A partir do estudo no campo, observou-se que a espécie permaneceu principalmente em associação com espécies de Rhododendron, *Querus* e Daphniphyllumspeies, etc. As outras espécies associadas foram *Arisaemaintermedium,,Arumesculentum* , *Polypodiodesamoena,* *Smilaxovalifolia,* *Centellaasiatica,* *Rubiacordifolia,* *Girardianadiversifolia, Sorbariatomentosa,* etc.

### 4.2.1 Espécies associadas

- Planta estudada: Panisea

- Nome científico: *Paniseapanchasenensis*

- Alcance altitudinal: 1934-2465m

- Ecossistema: zonas secas e declivosas

- Aspeto: Norte

- Declive: $30\text{-}65^{0}$

- Abundância de plantas estudadas: Média

### 4.2.2 Ambiente físico

**1.** Solo

A observação no campo mostrou que *P. panchasenensis* estava distribuída em manchas e era comum em solos orgânicos e de galpão em ambiente natural húmido. Preferia um solo húmido e rico em húmus em condições de bosque, com sucesso em sombra total ou parcial.

**2.** Aspeto e radiação solar

Para *P. panchasenensis*, o aspeto norte e nordeste foi o mais adequado para o seu crescimento correto. Na área de estudo, observou-se que estava distribuída apenas nas encostas viradas a norte e nordeste da árvore hospedeira. A sua abundância foi menor nas encostas viradas a Este, Oeste e Sul. Por outro lado, a observação no terreno mostrou que se encontrava num habitat húmido na árvore hospedeira, com requisitos mínimos de luz solar.

**3.** Inclinação

Na área de estudo, *a P. panchasenensis* foi encontrada em terrenos inclinados a muito inclinados. A área de estudo insere-se na faixa de declive geral de 30-65$^0$ mas um declive superior a 45$^0$ foi considerado satisfatório para o seu crescimento adequado. Por outro lado, também foi observada em declives suaves em áreas abertas, o que atesta a presença do hospedeiro.

**4.** Humidade do solo

*P. panchasenensis* prefere o habitat seco e sombrio, pelo que a humidade do solo é também um fator importante, tal como outros factores climáticos, para o seu crescimento e regeneração satisfatórios.

**5.** Altitude e temperatura

A observação de campo mostrou que havia uma variação de altitude na distribuição das espécies. A variação de altitude da área de estudo situa-se entre 1934 e 2517 m de altitude. Devido à variação da paisagem e da altitude, o clima e a vegetação natural do distrito variam com uma grande influência da monção. A precipitação varia de um mínimo de 3038 a 3353,3 mm. Da mesma forma, a temperatura é máxima em abril até 330C e mínima em janeiro até 5,60C (LAC, 2000).

## 6. 2.3. Efeito dos factores externos

> O efeito do pastoreio

*O habitat de P. panchasenensis* sofre uma certa pressão de pastoreio por animais domésticos (cabras, ovelhas, búfalos, etc.) por parte da população local durante todo o ano. Este é um dos factores mais importantes responsáveis pelo esgotamento de *P. panchasenensis*, juntamente com outros PFNL valiosos.

> O efeito do fogo

A observação do campo mostrou que o fogo é o fator causal mais proeminente para o esgotamento de *P. panchasenensis*. Encontra-se com gramíneas e folhagem de *D. himalense* que potenciam o fogo e queimam a regeneração, os rizomas e as sementes, pelo que toda a comunidade vegetal pode ser extinta com a repetição do fogo.

Isto mostra que o fogo é o problema mais grave no habitat de *P. panchasenensis*, acabando por esgotá-lo. A observação de campo também mostrou que a maioria dos incêndios ocorreu de outubro a meados de dezembro

### 4.2.4 Tendência de *P. panchasenensis*

De acordo com a opinião dos informadores-chave, a disponibilidade de *P. panchasenensis* está a diminuir em comparação com a década anterior devido a vários factores como o fogo, o pastoreio, a remoção do hospedeiro, etc.

### 4.3 Causas do esgotamento das orquídeas endémicas

A observação no terreno e as entrevistas com os inquiridos e os informadores-chave permitiram identificar as principais causas do esgotamento dos recursos.

> Incêndio
> Sobre-exploração dos recursos
> Pastoreio
> Colheita pré-maturação do rizoma e

> Recolha ilegal.

> Falta de conhecimento dos habitantes locais sobre as espécies endémicas.

**4.4 Situação das orquídeas endémicas do Nepal e do seu hotspot na área de estudo.**

a) *Eriapokharensia*

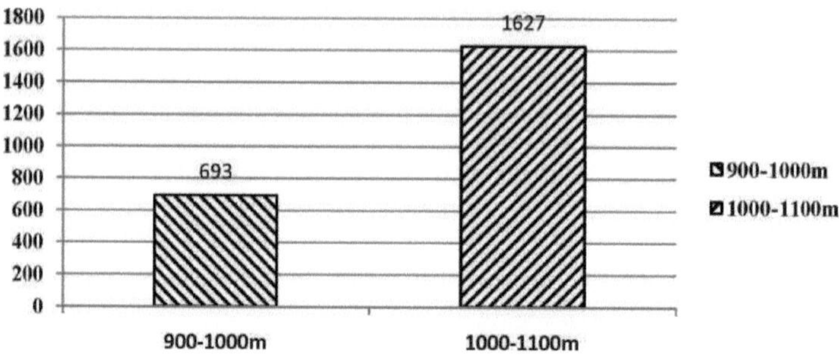


Figura 3: Distribuição de E. pokharensia em função da altitude

A densidade de E. pokharensia é mais elevada ao nível de altitude 1000-1100m, aumentando também com o aumento da altitude.

b) *Paniseapanchasenensis*:

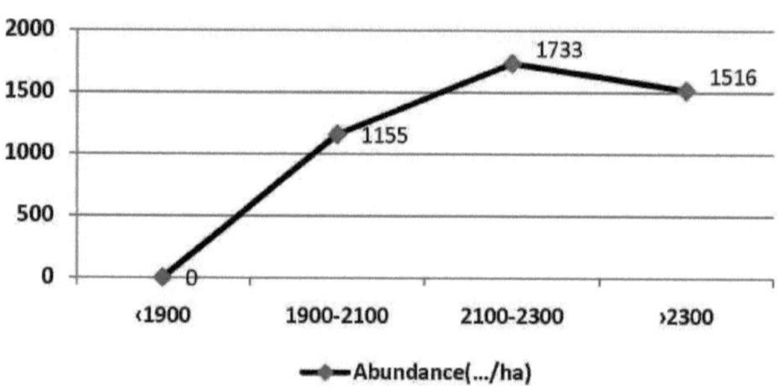


Figura 4: Distribuição de *P. panchasenensis* em função da altitude

A densidade de *P. panchasenensisse parece* ser nula a uma altitude inferior a 1900 m e aumenta com o aumento da altitude, mas a curva desce após a altitude de 2300 m, sugerindo uma maior abundância a 2100-2300 m de altitude.

## 4.5 Mapeamento dos hotspots na área de estudo

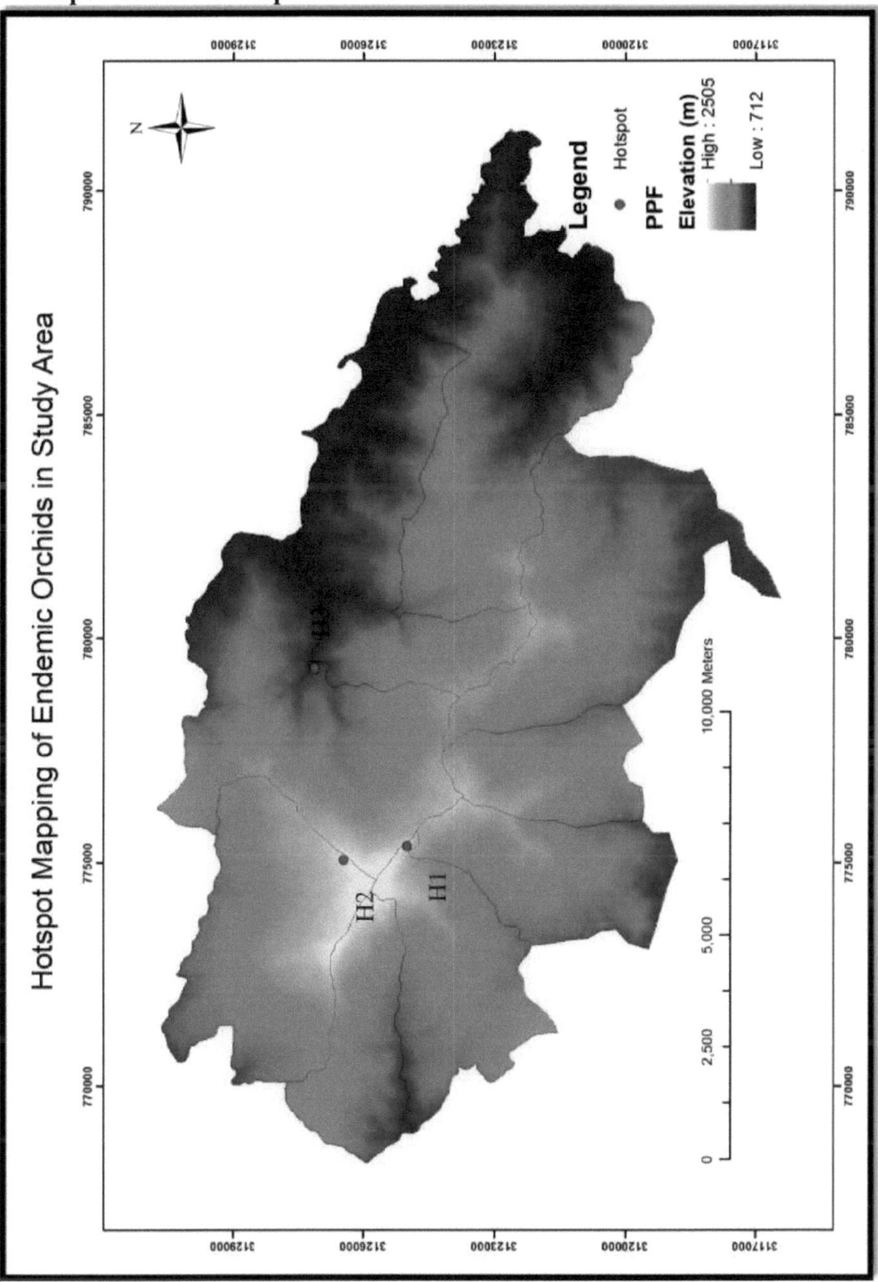


Figura 5: Mapeamento de Hotspots de Orquídeas Endémicas

27

**Tabela 2: Coordenadas geográficas dos Hotspots**

| Hotspot 1 | | Hotspot 2 | | Hotspot 3 | |
|---|---|---|---|---|---|
| Easting | 775371 | Easting | 775098 | Easting | 779370 |
| Northing | 3124986 | Northing | 3126546 | Northing | 3127115 |
| Altitude (m) | 2205 | Altitude (m) | 2304 | Altitude (m) | 1011 |
| No. of Orchids | 182 | No. of Orchids | 135 | No. of Orchids | 141 |

## 4.6. Identificar as preferências do hospedeiro e do habitat das orquídeas endémicas, a sua distribuição
### Preferências do anfitrião

### a) *Eriapokharensia*

> As orquídeas foram encontradas na casca da *Schimawallichis, o que significa que é* o hospedeiro preferido.

### b) *Paniseapanchanensis*

> A maior percentagem de árvores hospedeiras, tufos e orquídeas nas espécies de rododendro sugere que *o rododendro é a* espécie hospedeira preferida.

> Enquanto as outras duas espécies mostram uma importância significativa como hospedeiras de orquídeas epífitas.

| Host | Quercus | Rhododendron | Daphniphyllum | Total |
|---|---|---|---|---|
| (%)Tree | 19.70 | 46.97 | 33.33 | 100 |
| (%) Clumps | 25.17 | 50.34 | 24.49 | 100 |
| (%) Orchids | 27.57 | 45.79 | 26.64 | 100 |

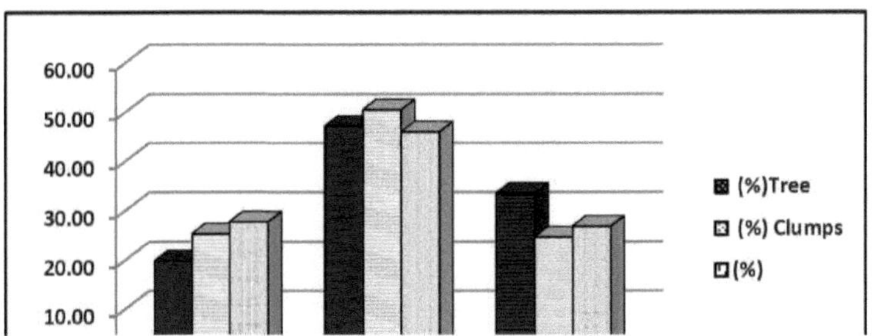

igura 6: Preferência por hospedeiros como demonstrado pelas Orquídeas.

## Preferência de habitat

***1.*** *Eriapokharensia :* A espécie hospedeira *Schimawallichi* como hospedeiro único e preferencial implica que

A orquídea depende da floresta de **Schima-** *Castanopsis* no nível mais baixo de Panchase

região.

***2.*** *Paniseapanchasenensis:* A maior percentagem de preferência da orquídea em

**O tipo de** floresta de rododendros sugere ser o tipo de habitat preferido.

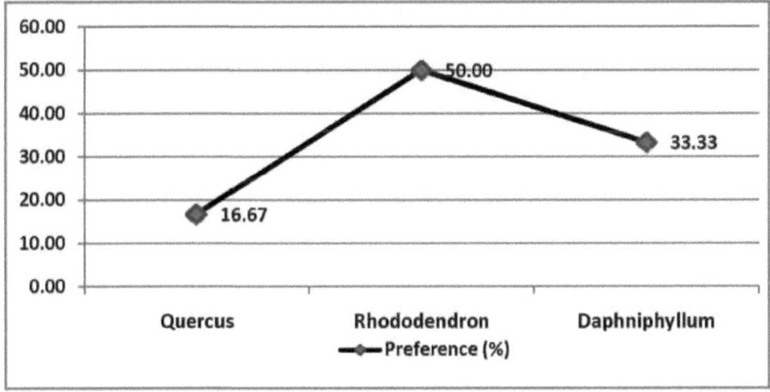

Figura 7: Preferência (%) da orquídea *P. panchasenensis* em relação à espécie arbórea hospedeira.

## 4.7 Distribuição das orquídeas endémicas quanto à frequência em relação ao nível de elevação

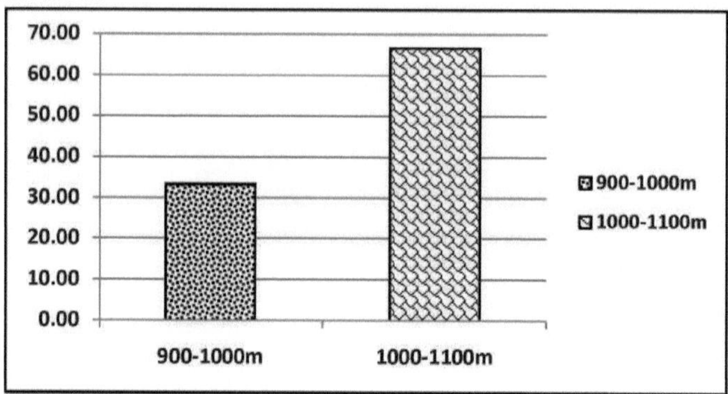

Figura 8: Frequência das orquídeas endémicas em função da altitude.

| Altitude(m) | No. of plot | Frequency (%) |
|---|---|---|
| 900-1000m | 2 | 33.33 |
| 1000-1100m | 4 | 66.67 |
| Total | 6 | 100 |

A distribuição da *Eriapokharensia* varia entre 900m-1100m, sendo a frequência mais elevada (66,67%) na região ecológica de 1000m-1100m. A frequência depende da ocorrência da espécie e da *Eriapokharensia* e está confinada ao nível de elevação mais baixo da área de estudo, mostrando a diminuição da frequência com a diminuição do nível de elevação. Devido a restrições de tempo e a um horário inadequado do nosso trabalho de campo, uma vez que o período de disponibilidade adequado é de abril-junho, que foi três meses e meio depois do nosso trabalho de campo, não foi possível encontrar o período de floração da espécie.

**b) *Paniseapanchasenensis*:**

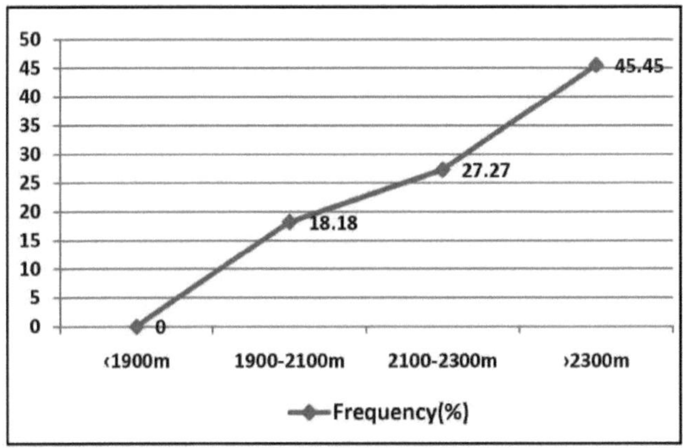


Figura 9: Distribuição de *P. panchasenensis* em função do nível de elevação

A figura acima mostra que o valor da linha aumenta com o aumento da altitude, tendo uma maior distribuição a uma altitude superior a 2300m.

## 4.8 Ameaças às orquídeas endémicas:

Durante a observação de campo, com a devida consideração dos vários parâmetros importantes relativos às ameaças às orquídeas endémicas, sugere-se que a remoção do hospedeiro de orquídeas epífitas é a principal ameaça.

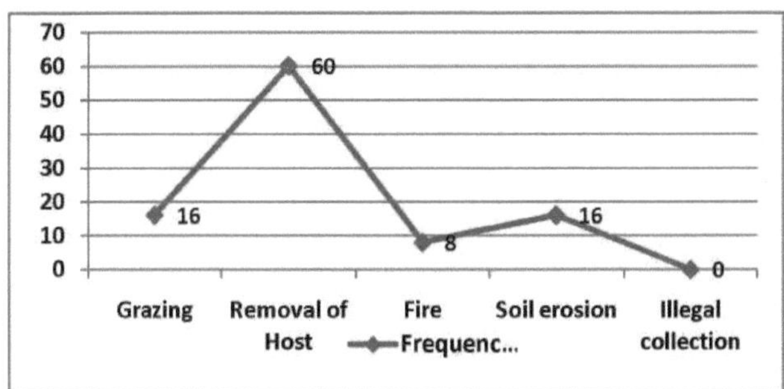


Figura 10: Frequência de ocorrência de várias ameaças nas parcelas de amostragem.

## 4.9 Estado de conservação do habitat das orquídeas endémicas:
### 1. Eriapokharensia
Quadro 3: Identificação do estado de conservação do habitat de *E. pokharensia*

| Property | Area/Range/Population | Unit of Measurement | Status | Comments |
|---|---|---|---|---|
| **Area and natural range** | 57.57 (900m-2500m) | Hectare | Stable | Area of P.p.f |
| **Structure and function** | 0.3 (Favourable area) | Hectare | Stable | Total inventory area |
| **Characteristic species** | 100% | Number of occurrences | Stable | within the favourable range |
| **The range of the characteristic species** | (900m-1100m) | | Increasing with elevation | Confined to certain range |
| **Host /Habitat Characteristics** | 100% (*Schimawallichi* forest type) | Species composition | Stable | Schima-Castanopsis mixed forest |

## 2. *Paniseapanchasenensis*

Quadro 4: Identificação do estado de conservação do habitat de *P. panchasenensis*

| Property | Area/Range/Population | Unit of Measurement | Status | Comments |
|---|---|---|---|---|
| **Area and natural range** | 57.57 (900m-2500m) | Hectare | Stable | Area of P.p.f. |
| **Structure and function** | 1.1 (Favourable area) | Hectare | Stable | Total inventory area |
| **Characteristic species** | 86.36 | Number of occurrences | Stable | within the favourable range |
| **The range of the characteristic species** | (1934m-2494m) | | Increasing with elevation | Confined to certain range |
| **Host /Habitat Characteristics** | 50%(*Rhododendron* forest type) | Species composition | Stable | Oak-Rhodendron mixed forest |

## 4.10 Discussão

> A distribuição das orquídeas endémicas em diferentes regiões ecológicas é contínua e aumenta com a altitude dentro da área restrita (favorável). Uma distribuição unimodal semelhante foi mostrada pelas orquídeas estudadas ao longo do gradiente de elevação Ding, Y. *et al.* Distribution of vascular epiphytes along a tropical elevational gradient: disentangling abiotic and biotic determinants. *Sci. Rep.* **6**, 19706; doi: 10.1038/srep19706 (2016).

> Da mesma forma a abundância também mostra o mesmo padrão embora para *P. panchasenensis* parece estar diminuindo com o aumento da altitude acima de 2300m. Em comparação com "A new species of Panisea (Orchidaceae) from central Nepal",A. Subedi, 2007, a abundância de tufos de orquídeas maduras foi estimada em menos de 250 mas o seu número total nas parcelas de amostragem foi de 147, sugerindo um decréscimo em número.

> *D. himalayanse* é conhecida como a espécie de crescimento intensivo e profundamente abundante em P.p.f. que não são as espécies indígenas da área, crescendo também em terrenos abandonados. A contribuição significativa de *D. himalayanse* como hospedeira de *P.panchasenensis* sugere que as orquídeas endémicas estão muito próximas das intervenções humanas e devem estar mais ameaçadas.

> Do mesmo modo, a presença de *E. pokharensia* na região inferior da área de estudo, tendo *Schimawallichi* como único hospedeiro, é significativamente afetada por intervenções humanas como a construção de estradas e a remoção do hospedeiro. Com impactos conjuntos: Harpan-khola, que flui nas proximidades da área favorável e da intervenção humana, está sujeito a efeitos microclimáticos como um problema a longo prazo, colocando a espécie em risco de extinção em poucas décadas.

> Os hotspots e os habitats das orquídeas epífitas são os principais factores determinantes da abundância primária das orquídeas e da composição das espécies, fornecendo assim orientações para a proteção e promoção do hospedeiro e de outras espécies associadas.

> O conhecimento específico sobre as orquídeas endémicas parece ser muito limitado, uma vez que crescem em combinação com outras espécies de orquídeas que partilham um tipo de habitat semelhante.

# CAPÍTULO 5

# CONCLUSÃO E RECOMENDAÇÃO

## 5.1 Conclusão

> A situação das orquídeas endémicas; *Eriapokharensiais* é maior (1627 por hectare) no intervalo de 1000-1100m e a densidade é maior na elevação 2100-2300m em relação ao número de orquídeas que sugere ser a área preferida para a espécie *Paniseapanchasenensis com* densidade (1733 por hectare).

> H1 e H2 para a orquídea *P. panchasenensis* enquanto H3 para *E. pokharensia* é representado como hotspot enquanto se mapeia os hotspots de orquídeas endémicas com base na maior abundância na área de estudo.

> A preferência de habitat de *Paniseapanchasenensis* foi identificada como sendo do tipo Rhododendron forest, enquanto que para *Eriapokharensia* foi identificada como sendo do tipo *Schimawallichiforest*.

> A distribuição da primeira espécie varia entre 900 e 1100 m, enquanto a segunda está confinada a altitudes superiores a 1900 m.s.l.

> A principal ameaça para as orquídeas endémicas foi a remoção das suas espécies hospedeiras.

> O estado de conservação do habitat das orquídeas endémicas é estável, embora a sua distribuição e abundância pareçam ser mais elevadas a um nível de elevação confinado, estando assim sujeitas a uma tendência para dar a devida importância à ameaça (remoção do hospedeiro das orquídeas epífitas).

## 5.2 Recomendação

> A base de dados de referência deve ser estabelecida com base nas descobertas sobre o estado atual das orquídeas endémicas da Panchasearea.

> O facto de as espécies estarem confinadas a um determinado nível de elevação sugere aos gestores da floresta protegida de Panchase que conservem os seus habitats potenciais (in-situ).

> Deverá ser tentada uma investigação mais aprofundada sobre o micro-habitat, dando a devida importância aos hotspots.

> Se as orquídeas epífitas precisam de ser conservadas, então a proteção das suas

espécies hospedeiras é da maior importância.

> Devem ser realizados programas de interação e de sensibilização sobre a importância, ameaças, gestão, conservação e cultivo de espécies de orquídeas entre os aldeões, curandeiros locais, colectores, comerciantes, pastores, etc.

> As orquídeas endémicas devem ganhar maior importância porque estão restritas a um determinado habitat e deve ser realizado um estudo botânico cuidadoso das orquídeas na natureza

> O cultivo de orquídeas deve ser incentivado entre os habitantes locais, a fim de utilizar as propriedades medicinais inerentes e reduzir a importação de medicamentos de países estrangeiros. Isso ajudará a melhorar a economia das pessoas, bem como da nação.

> O governo deveria fornecer treinamento, incentivos e outras facilidades necessárias para aqueles que estão dispostos a cultivar orquídeas.

> Promoção do turismo verde ao longo dos trilhos da floresta protegida de Panchase.

# Referência


A Subedi, B Kunwar, Y Choi, Y Dai, T van Andel... - Jornal de etnobiologia e etnomedicina, 2013

Coleção e comércio de orquídeas selvagens colhidas no Nepal

**AbishkarSubedi, Ram P. Chaudhary, Jaap J. Vermeulen e Barbara Gravendeel. 2007**: A

novas espécies de Panisea (Orchidaceae) do centro do Nepal Nord. J. Bot. 29(3): 361-365

**Acharya K.P. e Rokaya M.B. 2010**. Medicinal orchids of Nepal; Are they Well Protected? *OurNature* (2010).

**BjarneSngaard 1, Flemming Skovl, Rasmus Ejrnasl, Stefan Pihll, JesperReinholt Fredshavnl, Knud Erik Nielsen2, Preben Clausenl, Karsten Laursenl, Thomas Bregnballel, Jesper Madsen4, Anette Baatrup-Pedersen3, Martin Snndergaard3, Torben L. Lauridsen3, Erik Audel, Bettina Nygaardl, Peter Mnller5, Torben Riis-Nielsen6 & Rita M. Buttenschnn6. Lauridsen3, Erik Audel, Bettina Nygaardl, Peter Mnller5, Torben Riis-Nielsen6 & Rita M. Buttenschnn6, et al. 2007,** National Environmental Research Institute © University of Aarhus , Criteria for Habitat Conservation status, Denmark.

**Christianson E. &Repasky. R. 2008**. Orchid Digest 72:170-172

**Cribb, P.J. e Tang, C.Z. l983**. O Género *Pleione.Curtis's Bot. Mag.* l84: 93-147

**Ding, Y. *et al.* (2016).** Distribution of vascular epiphytes along a tropical elevational gradient: disentangling abiotic and biotic determinants. *Sci. Rep.* **6**, 19706; doi: 10.1038/srep19706.

**DuPuy, D. e Cribb, P. l988**. O Género Cymbidium. Christopher Helm/Timber Press

**Edward, D.M. (l996):** Non-timber forest Products from Nepal: Aspects of the Trade in Medicinal and Aromatic Plants (Aspectos do comércio de plantas medicinais e aromáticas). Forestry Research and Survey Centre Monograph No. 1/96, Kathmandu

**FAO, (2000):** Plano estratégico da FAO para o sector florestal, FAO, Nações Unidas, Roma

**Gautam, A.P., Webb, E.L., Shivakoti, G.P. e Zoebisch, M.A., (2003):** Land use dinâmica e padrão de alteração da paisagem numa bacia hidrográfica de montanha no

Nepal. Agricultura,

Ecosystems & Environment, 99:83-96.

**GhimireM.,Undated.**Epiphytic Orchids of Nepal.*Bankojankari Volume 18.No. 2*

**Hara, H., Stearn W.T. e Williams, L.H. J. 1978**. An Enumeration of the Flowering Plants **of**

Nepal, Vol. 1. Museu Britânico, História Natural, Londres, Reino Unido

**Hunter, M.L. and P. Yonzon 1993**.Altitudinal distributions of birds, mammals, people, forests and parks in Nepal. *Conser. Biol.* **7**:420-423.

**HMGN, (1988):** Master Plan for Forestry Sector Nepal. Ministério das Florestas e da Conservação dos Solos, Katmandu, Nepal

**HMGN, (1995):** Forest Regulation 1995, Ministry of Forest and Soil Conservation, Kathmandu, Nepal (em nepalês).

**HMGN, (2004):** Community Forest Resource Inventory Guideline. Ministério das Florestas e da Conservação do Solo, Departamento Florestal, Secção das Florestas Comunitárias, Babarmahal, Katmandu, Nepal

**Krebs, C. J. 1989**, Ecological Methodology.

**Koirala et al., Bankojankari**, vol 20, n.º 2)

**Kunwar B.B. e Upadhyay M. 2012**, Panchaseka orchid haru, parte I

**LAC, (2000):** Relatório anual/programa de trabalho anual 1999/2000. Agricultura de Lumle

Centre, Lumle, Pokhara, Nepal.

**Malla, S.B., Shakya, P.R., Rajbhandari, K.R., Bhattarai, N.K. e Subedi, M.N.(1995):**

Produtos florestais menores do Nepal: General Status and Trade. Documento do Projeto FRIS n.º 4, Projeto do Sistema de Informação sobre Recursos Florestais, HMGN/FINIDA

**MDO Proj. No Nep/95/G52-GEF/SGD (2005):** Estudo da Vegetação e Potencial

Micro

Desenvolvimento de empresas na zona de Panchase, Organização de Desenvolvimento de Machhapuchre,

Pokhara, Nepal.

**Myers, N. Mittermeir, R., DaFonseca.G& J. Kent, 2000.** Hotspots de biodiversidade para prioridades de conservação , Nature 403:853-858

**Pyakurel, D. e Gurung , K. ( 2008)** . Enumeration of Orchids and Estimation of Current Stock of Traded Orchids in Rolpa district (Enumeração de orquídeas e estimativa do stock atual de orquídeas comercializadas no distrito de Rolpa). Gabinete Florestal Distrital, Rolpa e Livelihoods & Forestry Programme, Rolpa

**Rajbhandari, K.R. e Bhattarai, S. 2001.** Beautiful Orchids of Nepal. Kathmandu, Nepal, Londres, Reino Unido.

**Rosa Maria Roman- Cuesta, 2008**, An orchid Hunting Journey Over The Peruvian Andes.

**Sharma, D.K. 2000.**Distribution of medicinal plants in Ilam district of Nepal (Distribuição de plantas medicinais no distrito de Ilam do Nepal). Em *The Himalayan plants, can they save us? Proceeding of Nepal- Japan joint symposium on conservation and utilization of Himalayan medicinal resources* (Eds. T. Watanabe, A. Takano, M.S. Bista and H.K. Saiju), Society for the Conservation and Development of Himalayan Medicinal Resources (SCDHMR), Japão. pp. 192-197

**Singh A. e Duggal S. 2009**, *Ethnobotanical Leaflets 13: 351-63*

**Thakur R.B., Yadav R.D.P., Phulara N.K., Sem data**. Enumeração da situação das espécies de orquídeas do distrito de Makwanpur.

**Taylor RSL, Manandhar NP e Towers GHN, 1995**. Screening of Selected MedicinalPlants of Nepal for Antimicrobial Activities. *Journal of Ethnopharmacology.* **46**: 153-159.

**Décimo Plano Quinquenal do Nepal (2003-2007):** Governo do Nepal

**Sítios Web** (www.wikipedia.com), BlogSpot de orquídeas

**WS de Boef, A Subedi, N Peroni, M Thijssen... - 2013 ,**Gestão Comunitária da Biodiversidade: Promovendo a resiliência e a conservação dos recursos genéticos vegetais

# ANEXOS

## A. Formato do inventário de orquídeas

| Baseline Study of Endemic Orchids in Panchase Protected Forest | | | | | | |
|---|---|---|---|---|---|---|
| ORCHID SURVEY FORM | | | | | | |
| District: | | | Date: | | | |
| VDC: | | | Plot No.: | | | |
| Easting: | | | Presence of illegal collection: Y/N | | | |
| Northing: | | | Grazing: Y/N | | | |
| Aspect/Slope: | | | Presence of Fire: Y/N | | | |
| Altitude: | | | Soil moisture: Dry/Moist/Wet | | | |
| Forest Type: | | | Presence of Water Body: Y/N | | | |
| Tree Crown Cover (%): | | | Soil Erosion Features:Y/N | | | |
| Measured By: | | | Removal of Host: low/high/medium | | | |
| No. of clumps | Species ID | | Mean Dia. (cm) | Mean Length (cm) | Host Tree | Comment |
|  | E. Pokharensia (No.) | P. Panchasenensis (No.) | | | | |
| 1 | | | | | | |
| 2 | | | | | | |
| 3 | | | | | | |
| 4 | | | | | | |
| 5 | | | | | | |
| 6 | | | | | | |
| 7 | | | | | | |
| 8 | | | | | | |
| 9 | | | | | | |
| 10 | | | | | | |
| 11 | | | | | | |
| 12 | | | | | | |
| 13 | | | | | | |
| 14 | | | | | | |
| 15 | | | | | | |
| 16 | | | | | | |
| 17 | | | | | | |
| 18 | | | | | | |
| 19 | | | | | | |
| 20 | | | | | | |
| 21 | | | | | | |
| 22 | | | | | | |
| 23 | | | | | | |
| 24 | | | | | | |
| 25 | | | | | | |
| 26 | | | | | | |

## B. Critérios para um estado de conservação favorável a nível nacional.

| National | Property | Unit of Measurement | Criteria | Comments |
|---|---|---|---|---|
| Area and natural range | Area | No. of hectare | Stable or increasing in relation to the level laid down | Minor losses of area, due to natural succession or dynamism, including factors such as coastal erosion, may be accepted. |
| | The range of the habitat type | Number of occurrences and number of hectares in each province within the natural range of the habitat type. | Stable or increasing | |
| Structure and function | Area with favourable conservation status | Hectare | Stable or increasing compared to the level laid down | Ought not to be less than 70-75% of the mapped area in the habitat areas. Requires developmental work. |

Fonte: ( Sogaardet *al.*, 2007)

## C. Resumo da distribuição e abundância das orquídeas endémicas.

Tabela nº 5: Distribuição e abundância das orquídeas endémicas da área de estudo.

| Altitude(m) | Species I. D. | No. of plot where orchids occur | Do not occur | total | Area of plot (ha.) | Frequency | No. of orchid | Density(../ha) |
|---|---|---|---|---|---|---|---|---|
| 1770-2484 | Panisea | 19 | 3 | 22 | 1.1 | 86.36 | 1509 | 1371.82 |
| 917-1100 | Eria | 6 | 0 | 6 | 0.3 | 100 | 348 | 1160.00 |
| | Total | 25 | 3 | 28 | 1.4 | 186.36 | 1857 | 2531.82 |

Tabela nº 6: Frequência de orquídeas endémicas em diferentes hospedeiros.

| Orchids | Host | No.of Trees | No. of Clumps | No. of orchids |
|---|---|---|---|---|
| Panesia | Quercus | 13 | 37 | 416 |
| | Rhododendron | 31 | 74 | 691 |
| | Daphniphyllum | 22 | 36 | 402 |
| Eria | Schima | 11 | 32 | 348 |

## D. Chapa fotográfica

*E. pokarensia P. panchasenensis*

More
Books!

info@omniscriptum.com
www.omniscriptum.com
OMNIScriptum